现代·实用·温馨家居设计

娟 子 编著

中国建筑工业出版社

图书在版编目（CIP）数据

厨房／娟子编著．—北京：中国建筑工业出版社，2011.12
（现代·实用·温馨家居设计）
ISBN 978-7-112-13776-3

Ⅰ.①厨…　Ⅱ.①娟…　Ⅲ.①厨房-室内装修-建筑设计-图集　Ⅳ.①TU767-64

中国版本图书馆CIP数据核字（2011）第231053号

责任编辑：陈小力　李东禧
责任校对：姜小莲　关　健

现代·实用·温馨家居设计
厨房
娟　子　编著
*
中国建筑工业出版社出版、发行（北京西郊百万庄）
各地新华书店、建筑书店经销
北京嘉泰利德公司制版
北京盛通印刷股份有限公司印刷
*
开本：880×1230毫米　1/16　印张：4¼　字数：132千字
2012年5月第一版　2012年5月第一次印刷
定价：23.00元
ISBN 978-7-112-13776-3
（21552）

前 言

傍晚，完成了一天的工作，迅速逃离喧杂浮华的都市，伴着昏夜回到了宁静的家中。感叹便捷快速的交通，让我们有机会在短暂的时间里穿梭于两种迥然不同的环境。家的清澈能带给我心灵的安慰，因为它不知道承载了多少的记忆，模糊地明白，“家”装着我所谓的花季、雨季，有的喜、有的悲、有的让人啼笑皆非，不能轻易地放下，因此，“家”承载着艰巨的任务。在这个季节，很多时候我宁愿选择在家中休息，而不愿在外面，我想很多朋友也会与我有着相似的选择。可是如何让家居在这个季节更加舒适和惬意呢？这也是《现代·实用·温馨家居设计》为大家解决问题的所在，将室内空间作为一个整体的系统进行规划设计，保证整体空间具有协调舒适的设计感。

生活是很简单的事情，我们不能用一种风格来束缚我们所要的生活方式，也不能完全拷贝某一种风格，因为每种风格都有自己的文化和历史渊源，每一个家庭也都有自己的生活方式、人生态度和理想。只有满足了人在家居生活中的使用功能这个前提下，然后再追求所谓的风格，这是空间设计的基本道理。

本书涵盖家庭装修的客厅餐厅、书房休闲区、玄关过道、卧室、厨房、卫生间空间设计，案例全部选自全国各地资深室内设计师最新设计创意图片，并结合其空间特点进行了点评和解析，旨在为读者提供参考，同时对家居内部空间进行详细的讲解和分析，指出在装饰设计上的风格并给出了造价、装饰材料等。书中还详细讲解和介绍了各种装饰材料、签订装修合同需要注意事项，以及家居装饰验收的技巧等。

目录

厨房

01 酒红色的橱柜门板搭配白色人造石台面是个不错的选择，很适合年轻人和即将步入婚姻殿堂的家庭使用。

02 根据户型而设的U形厨房，其整体橱柜将烤箱、微波炉等电器收纳在内，使空间非常整洁。

03 白色反光镜面砖在视觉上造成空间扩展的效果，与灰色橱柜组合，营造出现代时尚的风格，玻璃窗户为这个空间引入充沛的自然光线。

04 8m^{2}的厨房，造价28000元。志邦橱柜，马可波罗墙砖、地砖，防水石膏板造型吊顶，万和烟机灶具等。

01

02

01 浅木色的整体橱柜在米黄色瓷砖的映衬下，显现出淡雅的格调，一字形布置缩短了在厨房忙碌时的距离。

02 清爽的白色让厨房显得精致可爱，隔板和玻璃门组成的吊柜让存放物品一目了然，方便主人存取物品。

03 9m²的厨房，造价25000元。海尔橱柜，依诺墙砖、地砖，防水石膏板造型吊顶，老板烟机灶具等。

04 橱柜设计采用L形的布置形式，白色的高光烤漆门板显得非常清新亮丽，柜体大部分以开门柜为主，让有限的厨房空间得到充分、有效的利用。

03

04

05 大理石纹理的地砖，木纹橱柜，黑色大理石台面仿佛是从开窗延伸出来的，空间因此有了强烈的进深感。

06 正铺大理石纹理地砖让空间扩展的同时还保持了空间的统一，橱柜高光烤漆面显得灵动优雅，颇具艺术气息。

07 深色的实木橱柜搭配白色的大理石台面，具有富丽堂皇的欧式华贵气质，两边的柜子采用不对称设计，各尽其用。

08 厨房空间虽然不大，但量身而制的白色欧式橱柜让整个厨房显得开阔了不少。

01 功能区的紧凑布置有效提升了空间的利用率，墙面砖横平竖直的砖缝干净利落，延伸了视觉空间。

02 $6m^2$的厨房，造价20000元。好佳益橱柜，蒙娜丽莎墙砖、地砖，西美伦铝扣板吊顶，帅康烟机灶具等。

03 绿色调的整体橱柜让厨房洋溢着大自然的色彩和气息，置身其间烹煮美食，情绪也会随之愉悦。

04 一字形的橱柜简洁实用，黑色的橱柜门板与白色的墙砖在色调上形成鲜明的反差。

05 明艳的黄色调让厨房空间充满视觉张力，也体现出主人饱满的生活热情，嵌入墙体的储藏柜让空间显得更为整洁。

06 内部空间可视的吊柜在设计时充分考虑了厨房用品的存放问题，实木橱柜木板与白色大理石台面和操作台，有效利用了空间。

07 7m^{2}的厨房，造价18000元。好佳益橱柜，LD墙砖、地砖，帅康烟机灶具，TCL铝扣板吊顶等。

08 浅蓝色的橱柜充满海洋和阳光的气息，在夏日充足的光线下，既清新又醒目。

01 绿色的橱柜自然可人，充满了生命力，吊柜的设计不仅实用，也拥有装饰展示功能。

02 简洁、明晰没有任何繁琐饰品，这样的厨房自然充满了现代感，也成就了主人独特的个性。

03 呈一字形布置的厨房被“嵌入”墙体，设计师对于尺度上的精准把握保持了厨房空间的完整性。

04 厨房空间虽然不大，但量身而制的白色欧式橱柜让整个厨房显得开阔了不少。

05 橙色防火板饰面的柜门，配合人造大理石台面，简单明快。

06 厨房的功能越来越少，如今的厨房已不是烟熏火燎之地了，橙色与白色的搭配，方形与圆形，多种变化的元素共同组合演绎着一个精彩的厨房。

07 明快的绿色、纯净的白色，让这个厨房充满了生动明亮的气息，活力四射，在享受美味的同时也是在享受生活。

08 收纳柜和储物台的设计非常巧妙，节省了空间，实用性强，让大堆杂物不再是主人的烦恼，同时也是在享受生活。

05

06

07

08

01 爱干净的主人将厨具收拾得井井有条，简易的橱架不仅节省了空间，而且保证了厨具的干净和卫生。

02 灰色材质的橱柜充满了设计感，打造出一个现代感十足的厨房，布满纹理的大理石材质又为厨房增添了一种神秘的感觉。

03 红色的厨房时尚感性，白色的墙砖带来柔和的感觉，还利用空间放一个玻璃小桌，相同的风格也成了厨房的一部分。

04 大理石的吧台搭配同色系的吧椅，营造出优雅的氛围，式样可爱的果盘、造型别致的酒壶和花草盆栽也为这个吧台增色不少。

05 橙色橱柜与白色墙砖是设计的精彩之处，去除了原本的灰暗色调，将轻快融入这个质朴的厨房。

06 这个厨房十分注重工业设计带给人的舒适感觉，时尚的橱柜和厨具设计让主人充分享受现代化的便利和快捷。

07 6m^{2}的厨房，造价20000元。欧派橱柜，东鹏墙砖、地砖，奥普铝扣板吊顶，老板烟机灶具等。

08 白色营造的厨房干净纯粹、晶莹剔透，在这里你看不到油烟，感受不到主人做饭时产生的高温，只有平和的心境和安宁的环境。

05

06

07

08

01 复古风格的橱柜表现出主人的怀旧情怀，充满了自由舒适的感觉。

02 原木的橱柜极具亲和力，容易让人产生家的温馨感觉，灯光也来增锦添辉，让厨房充满家的安宁和温馨。

03 $7m^2$的厨房，造价22000元。志邦橱柜，蒙娜丽莎墙砖、地砖，老板烟机灶具，奥普铝扣板吊顶等。

04 厨房的墙地砖在贴法上与橱柜的装饰形式相同，而吊柜的造型也别具一格，装饰效果突出。

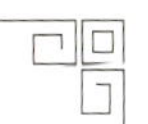

05 白色风格的橱柜也许并没有特别出彩之处，但配上仿木地板地砖，顿时就产生了不同的效果，夺人眼球。

06 大理石台面与原木的橱柜面板形成强烈的视觉冲击力，两种不同风格的对比让厨房显得更加饱满。

07 10m^2的厨房，造价28000元。欧派橱柜，东鹏墙砖、地砖，奥普铝扣板吊顶，老板烟机灶具等。

08 收纳柜和储物台的设计非常巧妙，节省了空间，实用性强，让大堆杂物不再是主人的烦恼，同时也很美观。

01 自然纹理的原木打造的橱柜质地亲和，为厨房带来了自然的气氛，整个厨房流露着明媚的气息。

02 明快的绿色、纯净的灰色，让这个厨房充满了生动明亮的气息，活力四射，在享受美味的同时也是在享受生活。

03 $10m^2$的厨房，造价28000元。志邦橱柜，依诺墙砖、地砖，老板烟机灶具，奥普铝扣板吊顶等。

04 运用空间减法，去掉多余的摆设，尽量减少装饰，利用收纳柜将各种厨房用具收纳于其中，营造出一个清爽净透的厨房。

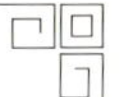

05 下厨工作区和用餐区布局合理，功能齐全，再有和谐的色彩和材质相同，就可以成就一个理想的厨房空间。

06 依照厨房的空间位置和建筑特点，采用装饰感十足的木地板装饰与现代化的设施共处一室，别具一番风味。

07 8m^{2}的厨房，造价25000元。志邦橱柜，依诺墙砖、地砖，老板烟机灶具，奥普铝扣板吊顶等。

08 不大的空间也能营造出功能齐备的餐厨天地，这款设计，将工业设计的简洁、明快与女性的纤柔、雅致融为一体。

01 虚实掩映的结构使整个餐厨空间变得时尚新颖，营造出一种优雅的气氛。

02 在整个厨房为浅色的基调下，采用木色橱柜营造活泼的气氛，效果非常不错。

03 10m²的厨房，造价30000元。志邦橱柜，依诺墙砖、地砖，老板烟机灶具，奥普铝扣板吊顶等。

04 吧台的造型极尽夸张，变形的石台充满了后现代设计的感觉，突显出主人独特的个性和品位。

05 黑白格子马赛克的地面丰富了厨房的内容，赋予了空间灵动多变的表情，让厨房充满了律动的感觉。

06 中央岛型的西式厨房，简洁淡雅的整体空间内出现纯粹的木纹橱柜让人心情愉悦。

07 $6m^2$的厨房，造价18000元。好佳益橱柜，LD墙砖、地砖，帅康烟机灶具，TCL铝扣板吊顶等。

08 原木的橱柜质地亲和，厨房的布局也很人性化，中间的岛台造型独特，轻盈、简约并且充分考虑了舒适度。

01 6m^2的厨房，造价12000元。志邦橱柜，依诺墙砖、地砖，老板烟机灶具，奥普铝扣板吊顶等。

02 厨房的采光条件非常好，宽敞的落地窗充分保证了厨房的光亮。

03 钢质储物架不仅能保证物品的干净，同时也节省了很多空间，可以在上面挂上各种做菜时需要的厨具，一目了然，方便了女主人的使用。

04 淡蓝色的墙砖点缀着橙色的橱柜，就不会显得单调了，整个厨房的氛围也变得鲜活丰富起来。

05 6m²的厨房，造价18000元。好佳益橱柜，LD墙砖、地砖，帅康烟机灶具，TCL铝扣板吊顶等。

06 红色与白色的搭配，使这个厨房充满了女性的婉约柔美，让人在这阳光明媚的早晨静静体会幸福的含义。

07 红色的橱柜突出了厨房的整体感，吊顶上的方格板材，增添了空间的流动感，气氛也变得灵动起来，缓解了红色的沉闷单调。

08 热烈奔放的红色为这个厨房带来了属于夏的热情和活力，充分演绎出生动明亮的家居氛围。

01 厨房黑白红搭配，光影变幻，带来丰富而细腻的审美感受。

02 厨房形式简洁，摒弃了所有不必要的繁复枝节，简单的直线，横平竖直，用简单的直线强调了空间的开阔感。

03 $7m^2$的厨房，造价20000元，志邦橱柜，蒙娜丽莎墙砖、地砖，老板烟机灶具，奥普铝扣板吊顶等。

04 吧台及吧台椅的设计很特别，且非常人性化，成为简洁厨房内的视觉聚焦点。

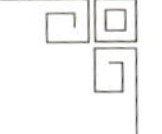

05 简洁明快、干净利索的厨房，配置安排合理，使用起来非常方便。

06 白色是简约主义的一种永恒颜色，简约厨房中运用白色，可以把看似狭小的空间以一种透视的效果显出纵深感。

07 质朴中显出厚重的银灰色墙砖，白色勾缝，会让人从喧闹外界返回家庭时，尽快回复平和的心态。

08 在空间不大的厨房里，把白色和灰色作为空间的基调，在视觉上可以起到一定放大空间的作用，白色石英石台面激活了原本略显平淡的空间。

01 色泽清新雅致的色调有很好的反光效果，增加了小空间的亮度，提升了视觉上的清凉度，让你在做饭的时候心情放松而愉悦。

02 橱柜的抽屉内选用隔物件，整齐的同时更方便取用。

03 欢快的厨房需要用红色营造气氛，喜庆的色彩让下厨的心情也随之热情高涨。

04 开放式的厨房以香槟色为主，在纯净的背景下，所有的厨房用品都成了厨房的点缀，每一样小东西都经过主人的精心挑选、表现主人的喜好。

05 这是一个中西合璧的厨房，既满足主人对开放式厨房的要求，又使中式烹饪适得其所，中西两种文化的矛盾和冲突得以和谐统一。

06 以原木色为基调的橱柜、餐桌，略显沉闷，实木餐桌椅，精致的餐具，打破了空间的沉闷，营造出欢快的气氛。

07 8m^{2}的厨房，造价20000元。志邦橱柜，依诺墙砖、地砖，老板烟机灶具，奥普铝扣板吊顶等。

08 大胆的颜色搭配，独到的灯光设计，置身其中让人心情舒畅。

01 厨房空间不大，主人选用玻璃的吊柜，在墙面做了简单的隔板，这样一来，减缓了空间的压迫感。

02 绿色和黄色搭配的柜门与墙面上的玻璃隔板装饰构成自然景色，使人浮躁的心恢复恬静。

03 美丽、干净、有效率的厨房，融入居家的设计之中，通过适当的装饰，俨然是个艺术空间。

04 充分利用每一寸空间，拐角也不例外，小小的转角吊柜自然就大显身手了，既增加了厨房吞吐量，又解决了两边橱柜在拐角处的断裂与空间浪费。

05 有创意的块状排列将黑白的经典发挥得更为出色，顶上的吊灯不但实用，更让整个空间多了一份亲和力。

06 厨房顶棚中心的木纹纹理的处理，既增强了空间的几何视觉效果，又让在岛形工作台下厨、休闲的人多了份顾盼间的乐趣。

07 厨房里的岛形工作台，构筑了富于艺术美感的餐厨空间，让人欣然走进梦幻境地。

08 工作区和用餐区布局合理、功能齐全，再有和谐的色彩和材质相同，就可以成就一个理想的厨房空间。

01

02

03

01 在厨房里多运用木材，总是觉得与自然贴得比较近，虽然空间不规则，只要处理得好，反而是亮点。

02 同样冷色调，但空间比较狭小，需要运用得当才不至于生硬。

03 主人为吧台旁边设计了半圆形的餐桌，正好适合一家人使用，人性化的设计让家人相聚的时间增多，在阳光明媚的早晨共同享受美妙的早餐。

04 白色风格的厨房也许并没有特别出彩之处，但配上方形设计的吊顶，欧式风格的吊灯，彩色图案的地板，顿时就产生了不同的效果，夺人眼球。

04

05 原木材质的橱柜搭配方格墙砖，将清新自在的气息融入这个质朴的厨房，绿色盆栽是点睛之笔，突出了空间的主题。

06 红木橱柜奠定了厨房的格调，防水石膏板造型吊顶点缀其间，米黄色的墙砖衬托出空间的主题。

07 8m^{2}的厨房，造价25000元。欧派橱柜，东鹏墙砖、地砖，奥普铝扣板吊顶，老板烟机灶具等。

08 原木的橱柜质地亲和，厨房的布局也很人性化，一盏造型别致的吊灯在室内洒下一片柔和的光，守护家的安宁和温馨。

01

02

03

01 宽大的转角操作台为厨房工作的舒适性提供了可能，小面积的长条地毯可以中和厨房装饰的冷硬。

02 9m²的厨房，造价30000元。志邦橱柜，东鹏墙砖、地砖，奥普铝扣板吊顶，老板烟机灶具等。

03 空间足够大就可以将烹饪台与其他操作台面分隔开来，既具展示性，又方便使用。

04 简洁、明晰，没有任何繁琐饰品，这样的厨房自然充满了现代感，也成就了主人独特的个性。LD仿皮墙砖与木纹橱柜，为厨房空间增添了灵动和通透的气氛。

04

05 不必奢华，不用豪阔，空间不算大，但功能齐全，色调柔和，阳光充足，具备了一个理想厨房的所有特性，可以是小空间房主参照的样板。

06 在整个厨房空间深颜色的基调下，采用米黄色墙砖营造活泼的气氛，效果非常不错。

07 $7m^2$的厨房，造价20000元。欧派橱柜，依诺墙砖、地砖，老板烟机灶具，奥普铝扣板吊顶等。

08 开放式厨房简洁温馨，和整个空间的衔接自然流畅，轻体砖砌筑橱柜，墙砖正铺与斜铺相结合。

01

02

03

01 艳丽的红色极具张扬之势，配合通透的玻璃柜门设计，巧妙地将热情与雅致完美统一起来。

02 厨房中空间储物量主要由吊柜、地柜来决定，一定要本着方便操作、安全的原则安排收纳空间。

03 米黄色的瓷砖与大面积的开窗让厨房显得洁净开阔，中间的柜体设计了储藏柜和操作台，有效利用了空间。

04 红色的整体橱柜在白色瓷砖的映衬下显得更为明艳，防水石膏板平面吊顶装饰，既为空间增容，也呼应了整体的现代风格。

04

05 6m²的厨房，造价18000元。好佳益橱柜，东鹏墙砖、地砖，奥普铝扣板吊顶，老板烟机灶具等。

06 绿色调的整体橱柜让厨房洋溢着大自然的色彩和气息，置身其间烹饪美食，情绪也会随之愉悦。

07 黄色本来就是蔬菜水果中的常见颜色，所以用来装饰厨房和餐桌更显自然，新鲜而且代表着活力与能量，能让人胃口大开。

08 透亮的橱柜、淡黄色的面板，非常适合小厨房，增强了空间开阔的视觉感。

01 蓝与白、灰搭配得浑然天成，繁琐的厨房家务也变得富有情趣。

02 $7m^2$的厨房，造价12000元。好佳益橱柜，东鹏墙砖、地砖，奥普铝扣板吊顶，老板烟机灶具等。

03 大面积的黑色，让橘黄色与白色马赛克的地砖作为平衡，无须大费工夫，即能自成一格。

04 橱柜拐角处的空间得到充分的利用，放置微波炉和电磁炉，让你的烹饪方式多了一种选择。

05 宽敞、典雅在这个厨房中散发着积极的能量，原木色材料的使用并不显得单调与乏味，温润的色泽恰到好处地衬托着洁净的台面。

06 封闭式的小型厨房，空间设计与橱柜风格选择都不宜过于复杂、繁琐，否则容易给人造成空间压抑感。

07 $7m^2$的厨房，造价12000元。好佳益橱柜，东鹏墙砖、地砖，奥普铝扣板吊顶，老板烟机灶具等。

08 绿色让人内心感受平静，带轻快感的蓝色作为点缀，这样的搭配活泼而温馨。

01 柔和的灯光和色调，舒缓了一天的紧张和疲劳，使柴米油盐之事成为极具情趣的生活内容。

02 绿色马赛克墙面，白色的柜体和米黄色的地面，在简洁大方的手法下，使得空间格外清新自然。

03 10m²的厨房，造价28000元。欧派橱柜，东鹏墙砖、地砖，奥普铝扣板吊顶，老板烟机灶具等。

04 整体设计灰度偏大，但质感很强，有不可攀的高贵，却也有着平易近人的亲和力。

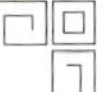

05 开放式的厨房以香槟色为主，在米黄色的墙砖背景下，所有餐厨用品都成了厨房的点缀，每一样小东西都能表现主人的喜好。

06 仿古墙砖与原木橱柜的搭配精彩绝伦，让人一看就有种清新的感觉。

07 温暖的纯木结构与米黄色的墙面搭配，产生既冷酷又温馨的效果，营造出韵味十足的厨房。

08 樱桃木色的复古橱柜彰显贵族气质又洋溢着大家庭的温暖。

01 黑色的椅子在这个白色的厨房中非常显眼，突显出主人的独特个性，充满了年轻的活力，白色能感受到超酷的凉爽感觉。

02 $8m^2$的厨房，造价25000元。志邦橱柜，马可波罗墙砖、地砖，奥普铝扣板吊顶，老板烟机灶具等。

03 原木的橱柜设计配以现代的玻璃门，整个厨房都显得通透明亮，时尚与自然的融合让人眼前一亮。

04 一字形的简洁操作台兼具操作台和吧台的作用，一边用餐一边欣赏主人做菜似乎也是一种不错的享受。

05 L形空间布局，高品质的厨具用品，现代感极强的橱柜，冷暖结合的用色都体现了整体厨房的魅力。

06 阳光从玻璃泻入厨房内，烹饪美食的心情好得不得了。

07 对日光的良好采集使空间流光溢彩，充满金属质感的烟机灶具，这个厨房的现代派风格十分明显。

08 我们可能会十分钟情于这样的布局，在这里操持家务，有的便是好心情，但先决条件是空间要足够大。阳光充足，而且空气也似乎格外清新。

01 纯净的白色橱柜台面与马赛克形成对比，走进厨房就仿佛置身于两个世界的交点，分不清哪是虚构，哪是现实。

02 纯实木的橱柜，大面积的空间，这是乡间别墅拥有的，同自然贴得很近。

03 将浓烈的红色与白色运用于厨房，大胆新奇，效果别具。

04 除了顶棚上的顶灯外，操作台上方也装上了两盏灯，方便主人备餐，人性化的设计，冲淡了空间的冷清。

05 白色与灰色的搭配，打造出一个具有未来感的厨房，金属材质的操作台和展示柜都具有强烈的工业设计感，即使是在炎热的夏季，这个厨房也充满了无与伦比的清凉感。

06 以银色和白色为主打色的厨房设计感十足，明亮的灯光照在银色的橱柜上添了几分柔美的感觉。

07 空间虽小，但光线充足，颜色鲜艳统一，令人身在其间，心情开朗。

08 白色的橱柜成了厨房的亮点，木纹地面与橱柜大理石台面，置于统一的背景中，小巧精致，起到画龙点睛的作用。

01 杯子、盘子、茶壶、蔬菜、水果都是就餐区最好的装饰品，而且十分自然贴切。

02 6m^{2}的厨房，造价20000元。欧派橱柜，东鹏墙砖、地砖，奥普铝扣板吊顶，老板烟机灶具等。

03 色泽清新雅致，有很好的反光效果，增加了小空间的亮度，提升了视觉的清凉度，让你在做饭的时候心情放松愉悦。

04 原木色能够体现木材本身的自然美感，突出橱柜的设计。

05 朴素、宁静甚至带有些土气的“乡村派”设计成为时尚的潮流，自然清新的设计，缓解了都市生活快节奏的紧张感，使人感到轻松愉快。

06 怀旧情绪总会潜移默化地投射在各种事物上，橱柜风格当然也不例外，现代手法下的怀旧，也是别具风格的。

07 5.5m^2的厨房，造价18000元。好佳益橱柜，东鹏墙砖、地砖，奥普铝扣板吊顶，老板烟机灶具等。

08 封闭式的小型厨房，空间设计与橱柜风格选择都不宜过于复杂、繁琐，否则容易给人造成空间压抑感。

05

06

07

08

01 在现代的设计手法上，碰撞出兼具现实与复古风味的视觉感受，给空间一种新的生命力。

02 纯木的结构，柔和的灯光搭配现代化的厨房用具，使整体非常得体美观。

03 $8m^2$的厨房，造价20000元。海尔橱柜，东鹏墙砖、地砖，奥普铝扣板吊顶，老板烟机灶具等。

04 厨房采用开放式，使厨房和餐厅的空间有一定的交流，增强了空间的整体感。

05 厨房的线条、柜体突出个性化，色彩与橱柜装饰协调，保持了空间的整体性。

06 以原木色为基调的橱柜、餐桌，略显沉闷，精致的餐具，清新的插花作为搭配点缀，打破了空间的沉闷，营造出欢快的气氛。

05

06

07

08

07 宽敞的厨房空间是优质生活的标志之一，欧式风格的现代化橱柜体现出良好的品位和贵族的气息。

08 利用户型转角设计的开放式厨房，有效利用了空间，也为生活增添了曲径通幽的情趣。

01 L形的橱柜简洁实用，黑色的橱柜门板与银色马赛克的墙砖在色调上形成鲜明的反差。

02 现代简约风格的开放式厨房因为空间的开阔和精致的家具饰品的搭配，呈现出大气华丽之感。

03 167.8平方米的厨房，造价40000元，欧派橱柜，欧神诺地转墙砖，防水石膏板造型吊型等。

04 L形的操作台是常见的形式，只是这里在颜色和用材上更用心而显出色。

05 美丽、洁净、高利用率的厨房融入居家的设计，通过适当的装饰，俨然成为艺术的空间。

06 厨房的功能越来越广，如今的厨房已不是烟熏火燎之地了，白色与黑色的搭配，多种文化的元素共同组合演绎着一个精彩的厨房。

07 白色的人造石台面与灰色的柜体形成色彩的反差，嵌入墙体的壁柜体现了设计者的巧妙构思。

08 这个厨房十分注重工业设计带给人的舒适感觉，时尚的橱柜和厨具设计让主人充分享受现代化的便利和快捷。

01 银色的操作台与黑色的橱柜形成强烈的视觉冲击力，两种不同风格的对比，让厨房显得更加饱满。

02 $10m^2$的厨房，造价28000元。欧派橱柜，东鹏墙砖、地砖，奥普铝扣板吊顶，老板烟机灶具等。

03 幸福有时很简单，只是你在这头喝着麦片粥，妻子在那头静静地备餐，看着她忙碌的身影，心头充满了家的宁静和温馨，空气似乎也变得甜蜜起来。

04 反光材质的钢板倒映着厨房的橱柜和厨具，呈现出虚实相生的美感，同时也缓解了厨房的空旷感。

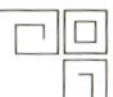

05 布局工整的厨房收拾得很有条理，木纹纹理的橱柜与白色大理石台面为朴素的厨房增添了色彩。

06 墙面的白色与橱柜的颜色让厨房充满了神秘感，黑色大理石操作台面与之搭配和谐，营造出一个个性十足的前卫空间。

07 厨房的采光条件非常好，宽敞的落地门充分保证了厨房的光亮，窗帘的设计也很独特，可上可下，方便主人随时控制。

08 简易的餐桌还可以当成操作台，独特的水槽设计充满了人性化的色彩，方便主人随时清洗，节省了时间。

01 8m²的厨房，造价20000元。海尔橱柜，东鹏墙砖、地砖，奥普铝扣板吊顶，老板烟机灶具等。

02 这里表现的是典型的现代派厨房空间，无论用材、用色或布局都如此。

03 厨房合理的功能分区让空间井然有序，营造出一种精致、典雅的生活场景。

04 开放式的厨房以黑色为主，在纯净的背景下，所有的餐厨用品都成了厨房的点缀，每一样东西都能表现主人的喜好，必然经过主人的精心挑选。

05 整体设计灰度偏大，但质感很强，既高贵又显平易近人。

06 黑白这种经典的搭配，完整地营造出与起居室截然不同的空间，整体处理得流畅自然。

07 金属现代感的电器和黑色的饰面是现代语言的重要元素。

08 大胆的颜色搭配、独到的灯光设计，置身其中让人心情愉悦。

01 U形的厨房，将洗涤区、操作区及烹饪区设计在U形的两边，操作起来非常方便。

02 厨房里的岛形工作台，构筑了富于艺术美感的餐厨空间。

03 厨房采光不足，把洗菜池设在窗台下，让自然光源来解决洗菜光线不足的问题。

04 大面积的黑胡桃色，以白色作为一种平衡，无须费工夫，即自成一格。

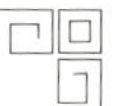

05 8m²的厨房，造价20000元。海尔橱柜，东鹏墙砖、地砖，奥普铝扣板吊顶，老板烟机灶具等。

06 简洁的线条带来强烈的空间感，温暖的白色柜体、黑色台面拉近了与人的距离，让人倍感舒适与清爽。

07 青苹果成为最自然的台面点缀。

08 空间不大，但功能齐全、色调柔和、阳光充足，具备了理想厨房的所有特性。

01 厨房形式简洁，用简单的直线强调了空间的开阔感。

02 厨房的形式过于简洁就显得有些沉闷，利用晶莹剔透的餐具活跃气氛是不错的选择。

03 厨房间黑色与木纹橱柜的搭配，光影变幻，带来丰富而细腻的审美感受。

04 最大限度地提供空间的利用率，上柜和下柜之间的留白，让空间显得格外清爽。

05 温润的木色面板尽显乡村风情，带来大自然的气息。

06 厨房空间的储物量主要由橱柜决定，高低错落的吊柜富于韵律感，使简洁的厨房多了一些变化。

07 背景中的白色花格窗户小巧精致，成了厨房的亮点，起到画龙点睛的作用。

08 $8m^2$的厨房，造价28000元。志邦橱柜，马可波罗墙砖、地砖，防水石膏板造型吊顶，万和烟机灶具等。

01 棕色与马赛克这种经典的搭配完整地营造与楼梯截然不同的空间，整体处理得流畅自然。

02 橙色与白色墙砖交错铺贴耀眼夺目，丰富营养进餐的同时，再赋予视觉的享受。

03 毛玻璃的粗糙与黄色饰面的精细，刚柔相济，展现主人前卫的意识形态。

04 红色柜面与白色的墙面带来一种压得住的热烈，使整体更富变化，更有生气。

01

02

03

04

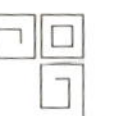

05 10m²的厨房，造价20000元，海尔橱柜，东鹏墙砖、地砖，奥普铝扣板吊顶，老板烟机灶具等。

06 厨房面积不大，因此设计师安排了小开门的整体橱柜，在视觉上让空间扩展，吊柜装饰性很强。

07 灰色调让厨房空间充满视觉张力，也体现出主人饱满的生活热情，高的储藏柜让空间显得更为整洁。

08 红胡桃实木橱柜让厨房也体现出怀旧的情调，仿古墙砖让空间显得更加开阔。

01 设计师没有为这个不大的厨房安排木质吊柜，而是巧妙设计了钢化玻璃的吊柜，既增加了收纳空间又显得通透。

02 U形的橱柜简洁实用，用砖砌筑的橱柜与橘黄色的布帘在色调上形成鲜明的反差。

03 $8m^2$的厨房，造价20000元。海尔橱柜，东鹏墙砖、地砖，奥普铝扣板吊顶，老板烟机灶具等。

04 无论是L形操作台设计，还是厚重的红木橱柜，都让这个厨房给人稳重大气的感觉，中式的设计风格，这一切都很容易勾起我们怀旧情怀。

05 柜面、墙面、地面，采用不同的材质展现出多样的纹理和表情，出挑又养眼。

06 绿色植物和水果是最恰当的装饰物，琳琅满目的餐厨用品让人看了就有下厨的冲动。

07 多色的运用显示了设计者对色彩的大胆尝试，造型独特的油烟机、绿色植物，成就现代感十足的厨房。

08 大空间的厨房内，空间布局的设计余地也更大，突破常规组合的一款与众不同的操作台，大气中透着创意。

01 餐厅中的主色调白色突出了空间的和谐简约，造型不哗众取宠，一切以简约质朴为主，色彩搭配讲究淡雅、素丽，给人一种恬静、自在的感觉。

02 烤漆柜门有整体效果，淡雅的颜色和白色的窗帘衬托着安详的气氛。

03 简洁淡雅的整体空间内，出现纯粹的红色柜面让人心情愉悦。

04 干净整洁的现代砖砌橱柜台面与天然古朴的仿古砖形成对比。

05 厨房空间被完全打通，浅木色的整体橱柜显得十分淡雅，自然地融入其中。

06 洁白的瓷砖与大面积的开窗让厨房显得洁净开阔，中间的柜体设计了储藏柜和操作台，有效利用了空间。

07 $10m^2$的厨房，造价20000元。海尔橱柜，东鹏墙砖、地砖，奥普铝扣板吊顶，老板烟机灶具等。

08 油烟机的设计很特别，且非常人性化，成为简洁厨房内的视觉聚焦点。

01 开放式厨房，白色与木纹的组合总是让人感觉宁静舒适，非常纯粹。与众不同的墙砖和地砖在贴法上与橱柜的装饰形式相同，而吊柜的造型也别具一格，装饰效果突出。

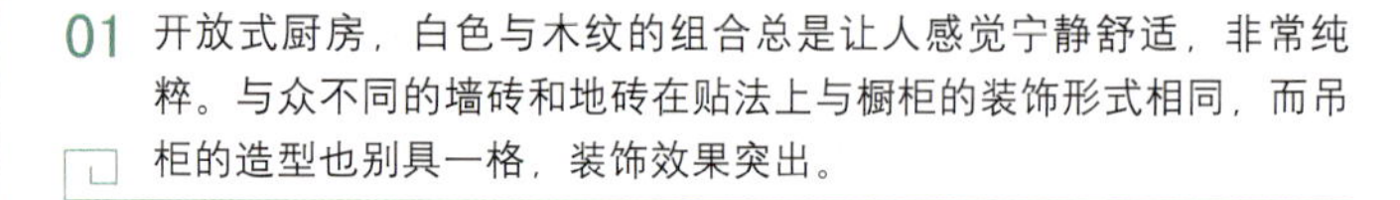

02 $6m^2$的厨房，造价20000元。欧派橱柜，东鹏墙砖、地砖，奥普铝扣板吊顶，老板烟机灶具等。

03 利用户型转角设计的开放式厨房，有效利用了空间，也为生活增添了曲径通幽的情趣。

04 淡蓝色的橱柜充满海洋与阳光的气息，在夏日充足的光线下，既清新又醒目。

05 白色橱柜门板和充满金属质感的厨具尽显现代风格的格调。

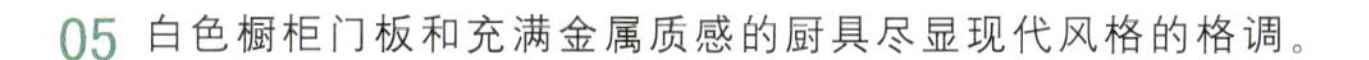

06 L形的操作台是常见的形式，只是这里在颜色和用材上因更用心而显得出色。

07 明亮的黄色柜门，能让烹饪者的心情愉悦起来，下厨也成了一件乐事。

08 $8m^2$的厨房，造价20000元。海尔橱柜，东鹏墙砖、地砖，奥普铝扣板吊顶，老板烟机灶具等。

01 各种各样色彩斑斓的瓷砖和厨具拼出的表情，使厨房空间给人难忘且炫目的视觉感受。

02 呈现天然木纹的橱柜，马可波罗墙砖、地砖的厚重与乡村田园的纯朴自然，富有情调的回字形腰线扩大了视觉空间。

03 绿色的橱柜在白色背景墙砖下，充满了生命力，吊柜的设计不仅实用，也拥有装饰展示功能。

04 $10m^2$的厨房，造价20000元。海尔橱柜，东鹏墙砖、地砖，奥普铝扣板吊顶，老板烟机灶具等。

05 厨房间黑白搭配，光影变幻，带来丰富而细腻的审美感受。

装修厨房几要点

当一幅精美的厨房设计图展现在您眼前时，您会不由自主地为之欣喜，终于找到中意的厨房了！与此同时，不妨请您冷静下来，这是否真的合您的心意、适合您个人的特点及功能需求，也就是说是否为您量体裁衣？那么，本文就整体厨房需要注意的几个要求进行评述。

1.操作平台高度

在厨房里干活时，操作平台的高度对防止疲劳和灵活转身起到决定性作用。当您长久地屈体向前20度时，您的腰部会承担极大负荷，长此以往腰疼也就伴随而来。所以，一定要依您的身高来决定平台的高度。

2.灯光布置

厨房灯光需分成两个层次：一个是对整个厨房的照明，一个是对洗涤、准备、操作的照明。后者一般在吊柜下部布置局部灯光，设置方便的开关装置，还有现在性能良好的抽油烟机一般也有照明灯，烹饪用是足够了。

3.嵌在橱柜中的电器设备

现在厨房面积大小比较适中，电器随之也带进厨房，让人方便了许多。每个人需求不同，把冰箱、烤箱、微波炉、洗碗机等布置在橱柜中的适当位置，以方便开启、使用。

4.厨房里的矮柜最好做成抽屉

推拉式方便取放，视觉也较好。吊柜一般做成30~40cm宽的多层格子，柜门做成对开，或者折叠拉门形式。

5.有效利用空间

吊柜与操作平台之间的间隙一般可以利用起来，放一些烹饪中所需的用具，有的还可以做成简易的卷帘门，避免小电器如食品加工机、烤面包机等落灰尘。

6.孩子的安全防护

厨房里许多地方要考虑到防止孩子发生危险。如炉台上设置必要的护栏，防止锅碗落下；各种洗涤制品应放在矮柜下（洗涤池）专门的柜子里，尖刀等器具应摆在有安全开启的抽屉里。

7.能坐着干活

厨房里不少活是完全可以坐着干的，这样可以使您脊椎得以放松，所以，为您自己设置一个可以坐着干活的附加平台。

8.垃圾摆放

厨房里垃圾量较大，气味也大，宜放在方便倾倒又隐蔽的地方，比如洗涤池下的矮柜门上设一个垃圾桶，或设可推拉式的垃圾抽屉。

以上几点不知对您厨房装修是否有所帮助，此外还有几个地方需要注意：

1.厨房门开启与冰箱门开启不要冲突；

2.抽屉永远不要设置在柜子角落；

3.装修厨房前需要考虑厨房内的暖气片，以防柜门、抽屉与之碰撞；

4.厨房窗户的开启与洗涤池龙头不要冲撞。对厨房进行两次测量，以免过后被动。

总之，厨房装修需要方方面面全盘考虑，这样您最终会拥有一个满意的厨房。

整体橱柜的设计标准

仅仅面积大并不能保证是一个功能齐全、感觉舒适的厨房，空间怎样被利用才是最重要的？以下是好的设计应具备的简单规则：

1. 作为工作区的厨房

工作区最重要的三个活动是：配菜、烹调和清洁。

为实现以上活动，还会采取以下步骤：在够得着的范围内将食品储存在食品柜、冰箱、冷柜里，将炊具放在随手可及的地方。

2. 配菜

水槽和灶具之间绝对需要保持80mm的距离，100mm更好。这是厨房的中心点，鱼、肉、蔬菜等都要在这里准备好。所需的炊具和调料要放在随手可及的地方。

热的食品准备区的中心点是灶，炉灶周围操作面的每一边都要能经受至少200° C高温，可在地柜放置汤锅或煎锅。

记住，从安全角度考虑，不应在炉灶周围直接设置抽屉，儿童们会把抽屉拉出来做阶梯爬到高处，这样会碰到热汤锅而受伤。

3. 洗涤

洗碗机应在以水槽为界炉灶的另一边。最常见的水槽与排水板柜的组合：两个水槽分别是340mm和293mm宽，安装在800mm宽的地柜上。与水槽紧邻的，应该是存放杯子、调料盒、玻璃器皿和餐盘的壁柜；存放净菜碗等炊具的壁柜；存放炊具和刀叉等的抽屉；存放去污粉、洗涤精或其他化学清洗剂的位于水槽下的地柜，这里也是内藏式垃圾桶的最佳摆放位置，因为孩子们能够打开这个柜子，故而地柜可以上锁是明智的做法。

4. 注意

在橱柜和烟道之间采用填料以降低火灾的风险或传热对橱柜的影响；采用安全挂钩或安全锁以防儿童接触到尖锐的器具或化学品、清洁剂、药品等；炉灶两旁的工作台面至少要保持400mm宽，电炉或燃气灶周围以及炉灶前应有一个儿童防护装置。

5. 厨房里的工作点及其设备

工作点自然是为在这里工作的人而设计，因此一个明显的标准，就是使用者中是否有残疾、坐轮椅或因为上了年纪而行动不便的人等，他们工作是否方便。

6. 照明

光线适宜的灯安装在适当位置比采用高瓦数的灯更重要。工作台面区的采光应来自厨房顶灯和壁柜下前端安装的照明灯。重要的是灯光在工作台面上不反光，用壁柜下类似窗帘盒的遮盖物作适当遮挡，使眼睛不被灯光直射。

7. 视线

壁柜、抽油烟机或遮光盒都不应挡住使用者的视线，使他看不到台面后边的东西。工作台面和壁柜底端保持50cm的距离。常用的炊具应放在随手可拿到的地方。

8. 拿取高度

应设定在使用者手伸长后脚下不垫任何台阶所达到的高度。一些人，尤其是上了年纪的人，弯腰和下蹲会有困难，可拉出的层板或拉篮可以使他们容易取放东西。

每套橱柜都能在灵活增配不同的配件之后满足用户的不同需求。

9. 就餐区

设计良好的厨房要求橱柜和工作台面保持最合理的距离并使就餐区有足够大的活动空间，不影响开门。

一条好规则可用于合适的餐桌：用90cm宽的餐桌两旁要留有85cm的自由空间来放椅子和过身，因此需要总宽度260cm，最少也要求在240cm。用80cm宽的餐桌，餐椅拉出后与最近的橱柜距离为60cm，而与炉灶的距离为75cm；从餐桌的一端到最近的橱柜应有90cm，而距离炉灶100~120cm。

10. 玻璃门橱柜

玻璃门应布置在就餐区，因为在这里玻璃不会因烹煮和洗涤弄脏。

厨房用材三大绝招

人们生活中厨房的使用率非常高，而洗菜、做饭都需要用到水，厨房成了一个容易潮湿的地方。另外，炒菜时出现的高温和油烟，也要求厨房不仅要防潮、防火，还要解决清理油烟积下的污垢。因此，装修厨房选材时一定要下一番“狠”工夫。为此专家提供了三个方面的绝活。

1. 地面材料：瓷砖、通体砖最佳

现在人们在装修中对材料要求非常考究，有些人为了达到室内地材的统一，在厨房也使用了花岗石、大理石等天然石材。专家指出，虽然这些石材坚固耐用、华丽美观，但是天然石材不防水，长时间有水点溅落在地上会加深石材的颜色，变成花脸。如果大面积打湿后会比较滑，容易跌倒。因此，潮湿的厨房地面建议最好少用或不用天然石材。

另外，实木地板、强化地板虽然工艺一直在改进，但最致命的弱点还是怕水和遇潮变形。目前在厨房里用得比较多的材料还是防滑瓷砖或通体砖，既经济又实用。专家提醒，在装修厨房选购材料时要充分考虑防潮功能。

2. 墙面材料：耐擦洗瓷砖正当红

专家指出，厨房墙壁应选购方便清洁、不易沾油污的墙材，还要耐火、抗热变形等。目前，各大建材市场里可供选择的有防火塑胶壁纸、经过处理的防火板等，但最受欢迎的仍是花色繁多、能活跃厨房视觉的瓷砖。瓷砖独特的物理稳定性，耐高温、易擦洗等特点都是它长期占据厨房墙面主材的原因。

3. 顶面材料：扣板值得考虑

专家指出，无论顶棚选择哪种材质，一定要防火和不变形。而目前建材市场供厨房用的顶棚材料主要是塑料扣板和铝扣板。其中，塑料扣板价格便宜，但供选择的花色少；铝扣板非常美观，常见的有方板和长条板，喷涂的颜色丰富，选择余地大，但价格较贵。另外专家特别提醒，如果采用吸顶灯，在把灯镶嵌在顶棚里时要做出隔层，以防灯产生的热量把顶棚烤变形。

板材区别

1. 三聚氰胺板，全称是三聚氰胺浸渍胶膜纸饰面人造板。它是将带有不同颜色或纹理的纸放入三聚氰胺树脂中浸泡，然后干燥到一定固化程度，将其铺装在刨花板、中密度纤维板或硬质纤维板表面，经热压而成的装饰板。国内生产的三聚氰胺饰面板最好的厂家就是吉林森工露水河板。

2. 防火板的标准名称是耐火板，具有一定的耐火性能， 基材为刨花板、防潮板或密度板，表面饰以防火板。表面饰的防火板是采用硅质材料或钙质材料为主要原料，与一定比例的纤维材料、轻质骨料、胶粘剂和化学添加剂混合，经蒸压技术制成的装饰板材。防火板是由表层纸、色纸、基纸(多层牛皮纸)三层构成的，比较厚(威盛亚、富美家等优质防火板，厚度在0.8mm以上)；而三聚氰胺板的贴面只有一层，比较薄(厚度一般只有0.1mm)，所以，一般来说防火板的耐磨、耐划等性能要好于三聚氰胺板。因为防火板具有良好的抗冲击性和耐磨、耐划性，所以在清洁时可直接使用百洁布在其表面擦拭。而三聚氰胺板表层较薄，在清洁时要注意，以免对其表面造成破坏。

3. 烤漆板基材为密度板，表面经过六次喷烤进口漆（三底、二面、一光）高温烤制而成。目前用于橱柜的“烤漆”仅是了一种工艺，即喷漆后经过进烘房加温干燥的油漆处理基材板。根据其表面漆层油漆的不同，分为普通烤漆、钢琴烤漆、金属漆等。普通烤漆的表面光亮度和强度比不上钢琴烤漆，钢琴烤漆比不上金属烤漆。烤漆板的特点是色泽鲜艳易于造型，具有很强的视觉冲击力，非常美观时尚且防水性能极佳，抗污能力强，易清理。由于是电脑调漆，所以颜色的选择范围不受限制，就是说，您可以选择您看到的任何一种或多种颜色作为您的板材颜色。缺点是工艺水平要求高，废品率高，所以价格居高不下；使用时也要精心呵护，怕磕碰和划痕，一旦出现损坏就很难修补，要整体更换；油烟较多的厨房中易出现色差。比较适合外观和品质要求比较高，追求时尚的年轻高档消费者。烤漆可以做亚光，也可以做亮光的。

4. PVC模压吸塑板：用中密度板为基材，镂铣图案，表层用PVC贴面经热压吸塑后成型。PVC模压板具有色泽丰富、形状独特之优点，较之耐火板易清洁，但不耐磨，抗冲击性强。在选择时一定要注意表面膜的厚度和质量，观察表面是否有气泡及不平整地方，进口的PVC吸塑板采用基材一般密度高，平整，膜厚，不会出现气泡 。但是吸塑板耐高温性能上存在明显的不足。如果偏重于实用性考虑，PVC模压板不是最理智的选择。

巧除厨房油污

厨房中油烟、水汽较大，尽管采取了许多积极的办法和措施，总不能彻底消除。其实，生活中有许多除掉厨房油污的好办法，起到家庭主妇们好帮手的作用。

1.地面油污较多，如在拖布上倒一点醋，就可以去掉地面上的油垢。

2.水泥地面上的油垢很难去除干净，如能在头天晚上弄点干草木灰，用水调成糊状，然后均匀铺于地面，次日早晨将铺的灰弄掉，再用清水反复冲洗，水泥地面便可焕然一新。

3.用烧过的蜂窝煤煤灰，掺上洗衣粉，用以洗刷地面，也很容易去掉油污。

4.煤气、液化气灶具上很容易沾上油污，若用碱水洗易洗掉油漆，若用清水洗又洗不干净，不妨用黏稠的米汤涂在灶具上，待干燥后，米汤结痂，会把油污粘在一起，这样，只需用铁片轻刮，油污就会随米汤结痂一起除去了。此外，用较稀的米汤、面汤直接清洗，或用乌贼鱼骨擦洗，效果也不错。

5.玻璃上的油污用报纸、抹布很难擦干净，可用碱性去污粉擦拭，然后再用氢氧化钠或稀氨水溶液涂在玻璃上，过半小时再用布擦拭，玻璃就变得光洁明亮。

6.厨房窗户的纱窗被油泥腻住后很难清洗。一种方法是先用笤帚扫去表面的灰尘，再用15g洗洁精加水500ml，搅拌均匀后用旧牙刷或棕刷蘸之，在纱窗上轻刷一两遍，然后再用抹布两面揩抹，即可除去油污。二是在洗衣粉溶液中加入少量牛奶，洗出的纱窗会和新的一样。

7.檫木器。可在清水中加入适量食醋，用来擦拭，即可去掉油污，或用漂白粉溶液浸泡一会儿再擦，去污效果也很不错。

致 谢

在本套丛书的编辑过程中，我们得到了全国各地室内设计行业中资深设计师的鼎力支持，对于张合、王浩、翟倩、刘月、王海生、张冰、张志强、孙丹、张军毅、梁德明、冯柯、郭艳、云志敏、刘洋等人给予的帮助，借此机会谨向他们表示诚挚的谢意！